# BEI GRIN MACHT SICH IHR WISSEN BEZAHLT

- Wir veröffentlichen Ihre Hausarbeit, Bachelor- und Masterarbeit

- Ihr eigenes eBook und Buch - weltweit in allen wichtigen Shops

- Verdienen Sie an jedem Verkauf

## Jetzt bei www.GRIN.com hochladen und kostenlos publizieren

**Markus Englisch**

# Unterrichtseinheit: Erarbeitung des notwendigen Kriteriums für Extremstellen am Beispiel der oben offenen Schachtel (12. Klasse)

GRIN Verlag

**Bibliografische Information der Deutschen Nationalbibliothek:**

Die Deutsche Bibliothek verzeichnet diese Publikation in der Deutschen National-
bibliografie; detaillierte bibliografische Daten sind im Internet über http://dnb.d-
nb.de/ abrufbar.

**Impressum:**

Copyright © 2004 GRIN Verlag GmbH
Druck und Bindung: Books on Demand GmbH, Norderstedt Germany
ISBN: 978-3-638-92254-8

**Dieses Buch bei GRIN:**

http://www.grin.com/de/e-book/69220/unterrichtseinheit-erarbeitung-des-notwen-
digen-kriteriums-fuer-extremstellen

**GRIN - Your knowledge has value**

Der GRIN Verlag publiziert seit 1998 wissenschaftliche Arbeiten von Studenten, Hochschullehrern und anderen Akademikern als eBook und gedrucktes Buch. Die Verlagswebsite www.grin.com ist die ideale Plattform zur Veröffentlichung von Hausarbeiten, Abschlussarbeiten, wissenschaftlichen Aufsätzen, Dissertationen und Fachbüchern.

**Besuchen Sie uns im Internet:**

http://www.grin.com/

http://www.facebook.com/grincom

http://www.twitter.com/grin_com

# Entwurf zur Lehrprobe im Fach Mathematik

## von Markus Englisch

**Thema der Unterrichtseinheit:**

Differentialrechnung

**Thema der Unterrichtsstunde:**

Erarbeitung des notwendigen Kriteriums für Extremstellen
am Beispiel der oben offenen Schachtel

Schulform: Fachoberschule

Klasse: FO 12 S

Raum: O23

Datum: 4.2.2004

Zeit: 5./6. Stunde (11.15 – 12.45 Uhr)

## Inhalt:

# 1. Analyse der pädagogischen Situation

Ich unterrichte die Klasse FOS 12 S seit Beginn dieses Schuljahres im Fach Mathematik. Der Unterricht findet montags und mittwochs in der 5. und 6. Unterrichtsstunde statt. Die Fachoberschulklasse der Form B besteht momentan aus 24 Schülerinnen und Schülern[1] (16 Mädchen, 8 Jungen), von denen einer die Klasse 12 wiederholt. Zwei Schülerinnen kenne ich bereits aus der Mathematik-AG für Sozialassistenten. Schon nach kurzer Zeit hat sich eine angenehme, angstfreie und konstruktive Arbeitsatmosphäre entwickelt. Die Schüler gehen freundlich miteinander um, helfen sich bei Problemen gegenseitig weiter und nehmen aufeinander Rücksicht. Ich fühle mich als Lehrer akzeptiert und habe ein gutes Verhältnis zu den Schülern, was sich u.a. in einem freundlichen Umgangston und darin zeigt, dass die Schüler keine Hemmungen haben, während des Unterrichts oder in den Pausen Fragen zu stellen.

Die Vorerfahrungen der Schüler mit dem Fach „Mathematik" unterschieden sich. Während einige Schüler dem Fach gegenüber aufgeschlossen waren, hatten andere aufgrund von Misserfolgserlebnissen und schlechten Bewertungen während ihrer früheren Schullaufbahn zunächst Zweifel an ihrem eigenen Leistungsvermögen und hielten sich im Unterrichtsgespräch zurück. Das Selbstbewusstsein letzterer Gruppe versuche ich durch positive Rückmeldung und Bestätigung schrittweise wieder aufzubauen, was mittlerweile in Verbindung mit der angstfreien Atmosphäre auch Erfolg zeigt. So bringen sich nun auch schwächere und langsamere Schüler entsprechend ihrer Fähigkeiten ein. Auch die Vorkenntnisse der Schüler waren sehr verschieden. Während bei einigen wenigen Schülern der Mittelstufenstoff noch relativ präsent war, verfügten die meisten nur über ein bruchstückhaftes Vorwissen. Dies zeigte sich nicht nur beim Lösen quadratischer Gleichungen oder von Gleichungssystemen, sondern auch bei den bereits in den Klassen 8 bis 10 behandelten Funktionsklassen, mit denen viele kaum noch etwas verbinden konnten. Daher wurden zu Beginn des Schuljahres – nach dem Unterrichtsmodul „Präsentation statistischer Daten mit Hilfe von Excel" – elementare Rechengesetze, Potenzen, quadratische Gleichungen, lineare Gleichungssysteme sowie lineare und quadratische Funktionen wiederholt, um die Defizite zu kompensieren und gleiche Lernvoraussetzungen zu schaffen. Um diese Unterrichtsinhalte mit Leben zu füllen und das Interesse der Schüler zu wecken, versuchte ich von Anfang an mögliche Anwendungsbezüge herzustellen. So wurden die linearen Funktionen am Beispiel zweier Internettarife wieder aufgegriffen.

Die Lerngruppe ist bezüglich ihres Leistungsvermögens und ihres Arbeits- und Lerntempos heterogen. Sieben Schüler haben ein gutes mathematisches Verständnis und können Fragestellungen und Probleme relativ schnell erfassen, was sich größtenteils sowohl in den schriftlichen als auch in den mündlichen Leistungen niederschlägt. Ein Schüler wiederholt die Klasse 12 und verfügt daher bereits über ein großes Hintergrundwissen, das man aber gut in den Unterricht integrieren kann. Zwei Schülerinnen haben aufgrund ihrer Teilnahme an der Mathematik-AG für Sozialassistenten einen kleinen Wissensvorsprung. Eine zweite größere Gruppe innerhalb der Klasse ist insbesondere bei reproduzierenden Fragestellungen aktiv, jedoch rechnerisch relativ sicher. Einige mündlich etwas zurückhaltendere Schüler muss man gelegentlich zur Mitarbeit auffordern. Vier Schülerinnen, von denen zudem eine die komplette letzte Woche fehlte, können dem Unterrichtsgeschehen nur langsam folgen und benötigen mehr Zeit zum Nachdenken. Um zu verhindern, dass diese Schü-

---

[1] Im Folgenden werde ich den Sammelbegriff „Schüler" statt „Schülerinnen und Schüler" verwenden.

ler entmutigt und demotiviert werden und dann nicht mehr mitdenken und um möglichst vielen Schülern die Möglichkeit zur Beteiligung zu geben, schalte ich z.B. bei komplexeren Problemstellungen eine Partnerarbeitsphase vor oder vermeide einen allzu schnellen Zugriff durch eine entsprechende Verlängerung der Bedenkzeit, wobei die Schüler auch in ihrem Heft nachschlagen und sich mit dem Tischnachbarn austauschen können. Dies ermöglicht den zurückhaltenderen und unsicheren Schülern ihre Ideen und Lösungen vor der Diskussion im Plenum abzusichern, so dass sie sich dann verstärkt beteiligen. In den Partnerarbeitsphasen sind auch die leistungsstärkeren Schüler[2] gefordert, denn sie müssen ihre Ideen für die Mitschüler verständlich formulieren und zur Diskussion stellen, wodurch sie ihre Kommunikations- und Argumentationsfähigkeit aber auch ihre Teamfähigkeit schulen können. Die geringere Beteiligung während der problemorientierten Unterrichtsphasen ist meines Erachtens darauf zurückzuführen, dass es vielen Schülern noch schwer fällt, in größeren Zusammenhängen zu denken und abstrakte Überlegungen anzustellen. Zudem lassen sie sich hierbei noch leicht verunsichern. Daher muss man vor allem bei Transferproblemen und der Erarbeitung neuer Sachverhalte etwas kleinschrittiger vorgehen und entsprechende Hilfen einplanen, um den Großteil der Klasse nicht zu überfordern. In solchen Phasen hat sich eine relativ enge Unterrichtsführung im Lehrer-Schüler-Gespräch bewährt. Einer dabei auftretenden Lehrerfixierung versuche ich dadurch entgegenzuwirken, dass ich zunächst mehrere Beiträge ohne Wertung sammle und diese später zur Diskussion stelle bzw. Fragen von Schülerseite nicht selbst beantworte, sondern an die Klasse zurückgebe.

Nach meinen bisherigen Erfahrungen fühlen sich die Schüler durch Aufgaben mit Anwendungsbezug besonders motiviert, da sie hier einen Nutzen und Sinn der Mathematik erkennen. Dies wiederum hat einen positiven Effekt auf die Beteiligung. Außerdem können gerade an realitätsbezogenen Problemen die Mathematisierungs- und Problemlösungskompetenz, die im späteren Leben und bei vielen Studiengängen noch eine wichtige Rolle spielen wird, trainiert werden.

Um den Lernstoff auch den weniger abstrakt denkenden Schülern zugänglich zu machen, versuche ich Sachverhalte wie z.B. den Kurvenverlauf von Funktionen durch den Einsatz von Overheadfolien oder mit Hilfe kleinerer Computerprogramme zu visualisieren, so dass sich die Schüler etwas darunter vorstellen können. Das in der Fachoberschule ausgeteilte Mathematikbuch [4] ist z.T. noch sehr fachsystematisch aufgebaut und wenig anwendungsorientiert. Daher setze ich – auch aus Motivationsgründen – im Unterricht häufig selbst gestaltete Arbeitsblätter ein. Das Buch dient den Schülern vor allem als Nachschlagewerk und Aufgabensammlung.

In den zahlreichen Übungsphasen, die mir Aufschluss über das Verständnis des Stoffs bei den Schülern sowie die Gelegenheit zur individuellen Betreuung geben, haben die Schüler grundsätzlich die Möglichkeit, die Aufgaben in Partner- oder Gruppenarbeit zu erledigen, da die Auseinandersetzung mit dem Stoff beim gemeinsamen Diskutieren und Hinterfragen besonders intensiv ist. Auch Defizite in den Grundrechenfertigkeiten können so durch gegenseitige Hilfe abgebaut werden. Aus Gründen der Selbständigkeit halte ich die Schüler dazu an, sich erst dann an den Lehrer zu wenden, wenn sie auf anderem Wege nicht weiterkommen.

---

[2] Um diese angemessen zu fördern, stelle ich im Sinne einer Differenzierung gelegentlich auch Zusatzaufgaben mit einem höheren Schwierigkeitsgrad bereit.

## 2. Didaktisch-methodische Überlegungen zur Unterrichtsreihe

Der Rahmenlehrplan Mathematik für die Fachoberschule [7] sieht im Rahmen der Analysis als verbindliche Kursinhalte u.a. die Themen „Funktionen" und „Differentialrechnung" vor. Nachdem im bisherigen Unterrichtsverlauf die elementaren Funktionsklassen (lineare, quadratische und ganzrationale Funktionen) wiederholt und vertieft wurden, geht es nun um die Funktionsuntersuchung mit den Mitteln der Differentialrechnung (Kurvendiskussion). Innerhalb der Differentialrechnung ist der Begriff der Ableitung fundamental. Ableitungen ermöglichen es, charakteristische Funktionseigenschaften wie Hoch-, Tief- und Wendepunkte herauszuarbeiten und damit eine Lösung für zahlreiche realitätsbezogene Extremwertprobleme zu finden (z.b. Wie müssen die Abmessungen einer rechteckigen Weide gewählt werden, damit die Weidefläche möglichst groß ist ?). Der Rahmenlehrplan fordert, Notwendigkeit und Ziele von Funktionsuntersuchungen aus anwendungsbezogenen Problemen abzuleiten.[3] Eine wichtige Rolle spielt die Differentialrechnung u.a. in den folgenden Bereichen: Physik (Ableitung als Bindeglied zwischen Weg, Geschwindigkeit und Beschleunigung), Wirtschaft (Steuer und Spitzensteuersatz, Optimierungsprobleme), Verpackungsindustrie (Minimierung des Materialverbrauchs), Technik (Brückenbau, Trassierung), Biologie, Chemie, Medizin (Wachstums- und Zerfallsprozesse, Reaktionsgeschwindigkeit), Politik und Sozialwissenschaften (soziographische Entwicklungen).

Nach dem Rahmenlehrplan soll der Mathematikunterricht der Fachoberschule den Schülern Einblicke in Problemstellungen, Denk- und Arbeitsweisen sowie Anwendungsmöglichkeiten der Mathematik ermöglichen. Die Schüler sollen erkennen, dass die Mathematik dazu beiträgt, Probleme aus der Umwelt zu beschreiben, besser zu verstehen und zu bewältigen. Mathematische Inhalte sollen daher – auch aus Motivationsgründen – in enger Wechselbeziehung mit außermathematischen Anwendungen behandelt werden. Die Schüler sollen u.a. befähigt werden, reale Probleme umgangssprachlich und fachsprachlich zu beschreiben (*Mathematisierung realer Problemsituationen*), für ein Problem wesentliche Gegebenheiten von unwesentlichen zu unterscheiden, Analogien zu finden, Sachverhalte zweckmäßig zu notieren und nicht sinnvolle Lösungen auszuschließen. Außerdem sollen im Mathematikunterricht die Problemlösefähigkeit, Argumentationsfähigkeit, Selbständigkeit und Selbsttätigkeit sowie die Kooperations- und Kommunikationsfähigkeit gefördert werden. Aus zeitlichen Gründen ist es aber in der Fachoberschule durchaus legitim, an geeigneten Stellen unter Anknüpfung an das Vorverständnis der Schüler didaktische Vereinfachungen vorzunehmen und Sätze auch aus der Anschauung oder durch Plausibilitätsbetrachtungen abzuleiten, solange nichts verfälscht wird.

Als Einstieg in die Anfang Januar begonnene Reihe „Differentialrechnung" erhielten die Schüler das Höhenprofil eines Straßenabschnitts, auf dem in letzter Zeit die Unfallzahlen gestiegen waren, und sie sollten in Gruppen – sich in die Rolle eines Auszubildenden beim Landesamt für Straßen- und Verkehrswesen hinein versetzend – eine Entscheidung darüber treffen, welche Prozentangabe auf ein anzubringendes Schild mit dem Gefahrenhinweis „Steigung" anzubringen ist. Durch das Einzeichnen verschiedener Steigungsdreiecke kamen die Gruppen zu unterschiedlichen Ergebnissen. Es wurde offensichtlich, dass sich die Steigung von Punkt zu Punkt ändert und dass es sinnvoll

---

[3] vgl. [7], Seite 29

ist, von der Steigung des Graphen in einem Punkt zu sprechen. Einige Schüler kamen dabei auf die Idee, die Steigung des Graphen in einem Punkt durch das Anlegen einer Geraden zu bestimmen, die sich dem Graphen möglichst gut „anschmiegt". Die Steigung dieser Geraden (Tangente) konnte über ein Steigungsdreieck bestimmt werden und wurde als Ableitung an der entsprechenden Stelle bezeichnet. Dieses Verfahren des „graphischen Differenzierens" wurde anschließend zur Bestimmung der Steigungen von Graphen in vorgegebenen Punkten benutzt. Dabei wurde offensichtlich, dass das zeichnerische Differenzieren relativ ungenau ist, womit sich die Frage nach einer exakten (rechnerischen) Methode zur Bestimmung der Ableitung stellte. Am Beispiel der Funktion $f(x) = x^2$ wurde das rechnerische Verfahren erarbeitet. Die Ableitung (Tangentensteigung) ergibt sich dabei als Grenzlage der Sekanten für den Fall, dass ein zweiter Punkt auf dem Graphen auf den gegebenen Punkt zuwandert. Nach Anwendung des ausführlichen rechnerischen Verfahrens über die Grenzwertbildung auf weitere Funktionsbeispiele wurden die Ableitungsregeln (Potenz-, Faktor- und Summenregel) erarbeitet, die das Bestimmen von Ableitungen erheblich vereinfachten. Die Kurvensteigung in vorgegebenen Punkten konnte jetzt relativ schnell und mathematisch exakt bestimmt werden und umgekehrt konnte herausgefunden werden, an welcher Stelle ein Funktionsgraph eine bestimmte Steigung hat. In diesem Zusammenhang wurde als weitere Anwendung die „Krateraufgabe" behandelt, bei der die Schüler überprüfen sollten, ob ein Fahrzeug mit vorgegebener Steigungsfähigkeit den Rand des Kraters von der Kratersohle aus erreichen kann. Den für spätere Betrachtungen wichtigen Zusammenhang zwischen dem Funktionsgraphen und dem Graphen der Ableitungsfunktion konnten die Schüler mit Hilfe eines Simulationsprogramms[4] am PC interaktiv nachvollziehen. An dieser Stelle schließt sich nun die Funktionsuntersuchung mit Hilfe des Ableitungskalküls an, wobei u.a. die Suche nach notwendigen und hinreichenden Kriterien zum Auffinden der Extremstellen von Funktionen im Mittelpunkt steht. Mit beiden Kriterien können schließlich Hoch- und Tiefpunkte von Funktionen bestimmt werden. Dies ist ein wichtiger Baustein auf dem Weg zur vollständigen Kurvendiskussion.

In dieser Unterrichtseinheit ist es mir wichtig, die Problemlösefähigkeit der Schüler weiterzuentwickeln. Die Schüler sollen lernen, eine reale Situation zunächst zu erfassen, diese zu mathematisieren und Lösungsstrategien zu entwickeln und – was ebenso wichtig ist – die mathematische Lösung später zu interpretieren, d.h. in die Realität zurückzuübersetzen.[5] Dabei sollen sie die praktische Nutzbarkeit der Mathematik erfahren, weshalb ich ein „reines Kalkültraining" bzw. ein zu starkes Vorherrschen von „Rechenaufgaben ohne Inhalt" (vgl. [2]) zu vermeiden versuche. Dies deckt sich mit dem Appell der PISA-Autoren für einen anwendungs- und problemorientierteren Unterricht in Deutschland, um „die Entwicklung eines tiefer gehenden Verständnisses und flexibel anwendbaren Wissens zu fördern."[6]

Die Gruppen- und Partnerarbeit stellen aus Gründen der Heterogenität (*siehe 1.*) und im Hinblick auf die moderne Arbeitswelt ein wichtiges Element des Unterrichts dar. Sie bieten die Möglichkeit, die Kooperations-, Kommunikations- und Argumentationsfähigkeit der Schüler zu trainieren.

---

[4] siehe z.B. auf der Homepage von „Mathe-Prisma" (http://www.matheprisma.de/Module/Ableitung/Seite07.htm) oder Java-Applet von Walter Fendt (http://www.walter-fendt.de/m11d/ableitungen.htm)

[5] vgl. [8], Seite 121ff.

[6] siehe Artelt, Baumert, Klieme u.a.: PISA 2000. Zusammenfassung zentraler Befunde. MPI, Berlin 2001, Seite 32.

# 3. Didaktisch-methodische Überlegungen zur Unterrichtsstunde

In der heutigen Doppelstunde soll das notwendige Kriterium für Extremstellen[7] erarbeitet werden. Am Beispiel der Volumenmaximierung einer oben offenen Schachtel (Extremwertproblem) sollen die Schüler eine realistische Problemstellung mathematisieren und im Zuge der Lösung Kriterien für Extrempunkte kennen lernen. Die entscheidende Erkenntnis für die Schüler ist, dass das Volumen einer Schachtel in Abhängigkeit von der Höhe erheblich variieren kann und dass die Mathematik ein wesentliches Hilfsmittel zur Lösung von Optimierungsproblemen (Bestimmung der Maße einer optimalen Schachtel) ist.

Zur Erarbeitung des notwendigen Kriteriums gibt es mehrere Möglichkeiten, die in der Schulbuchliteratur erwähnt werden. Manche Bücher (z.B. [5]) gehen so vor, dass zunächst die Begriffe absolutes und relatives Maximum bzw. Minimum geklärt werden, anschließend eine Funktionsgleichung vorgegeben und nach den Extremstellen gefragt wird, die aus dem Verlauf des Graphen nur ungenau zu bestimmen sind. Im ausgeteilten Lehrbuch [4] werden zunächst relativ abstrakt und ohne ein konkretes Beispiel Sätze für das monotone Steigen und Fallen und schließlich für Hoch- und Tiefpunkt von Funktionsgraphen formuliert, bevor einige wenige Übungsaufgaben behandelt werden. Beide Wege tragen jedoch nicht dazu bei, den Ableitungsbegriff sinnstiftend zu verankern und die Mathematisierungs- und Problemlösefähigkeit zu fördern. Daher habe ich mich dafür entschieden, die Kriterien für Extremstellen an einer praxisrelevanten Extremwertaufgabe zu erarbeiten, die die Schüler stärker motivieren und dazu beitragen soll, dass sie einen Sinn im Finden des Maximums oder Minimums einer Funktion sehen. Da Extremwertaufgaben als wichtiges Anwendungsgebiet der Differentialrechnung ohnehin für dieses Halbjahr vorgesehen sind, bietet es sich an, Kriterien für Extrempunkte gleich in einem größeren und realitätsbezogenen Sinnzusammenhang (*Problemorientierung*) zu erarbeiten, was auch den Forderungen des Rahmenlehrplans (*siehe 2.*) entgegenkommt, nach dem Notwendigkeit und Ziele von Funktionsuntersuchungen aus anwendungsbezogenen Problemen abgeleitet werden sollen.

Als mögliche Extremwertaufgabe zur Erarbeitung des notwendigen Kriteriums kommt auch das Problem der „Weideeinzäunung" in Frage: Ein Bauer möchte mit einem Zaun vorgegebener Länge ein möglichst großes Areal einzäunen. Dabei handelt es sich jedoch um ein zweidimensionales Problem, dessen Lösung auch ohne Mittel der Differentialrechnung über die Bestimmung der Scheitelpunktsform möglich ist. Im Zusammenhang mit den quadratischen Funktionen wurde dieses Problem als Anwendung der Scheitelpunktsform bereits behandelt. Alternativ könnte man mit der Suche nach einer „optimalen Dose", d.h. einer Dose mit minimalem Materialverbrauch beginnen, die einer vorgegeben Flüssigkeitsmenge Platz bietet. Bei der Lösung dieses anwendungsorientierten Problems ist jedoch ein experimentell-handlungsorientiertes Herangehen wie bei der „oben offenen Schachtel" (*siehe unten*) nicht möglich. Außerdem ist das Aufstellen und Ableiten der Zielfunktion hier wesentlich schwieriger, so dass mir die Behandlung erst später sinnvoll erscheint. Auch eine Aufgabe aus dem Bereich der Wirtschaftswissenschaften wäre denkbar, wobei man den Schülern hier aber eine Gewinn- oder Kostenfunktion vorgeben müsste, deren Existenzberechtigung und Herkunft nicht unmittelbar einleuchtend wäre.

---

[7] Notweniges Kriterium für Extremstellen: Im Hoch- und Tiefpunkt eines Graphen ist die Tangentensteigung 0. D.h. wenn $x_e$ eine Extremstelle ist, dann gilt: $f'(x_e) = 0$.

Eine Alternative, für die ich mich entschieden habe, bietet der folgende *anwendungs*- und *handlungsorientierte* Einstieg: Aus einem rechteckigen Stück Pappe mit den Abmessungen 30 cm und 20 cm soll eine oben offene Schachtel mit maximalem Volumen hergestellt werden. Die Fragestellung kann durch das Basteln der Schachteln nicht nur auf der kognitiven, sondern auch auf der handelnden Ebene erfasst und veranschaulicht werden. Dies dürfte den Schülern die Identifizierung mit dem Problem erleichtern. Da sich die Schüler bisher durch Aufgaben mit Anwendungs- und Alltagsbezug besonders angesprochen fühlten, erwarte ich außerdem eine hohe Motivation der Schüler, denn „je realistischer und relevanter eine Anwendungsaufgabe ist, desto mehr sind Schüler bereit, sich im Unterricht zu engagieren"[8]. Zur Aufstellung der Zielfunktion werden mit der Volumenformel für Quader (V = Länge · Breite · Höhe) nur geringe Kenntnisse aus der Mittelstufengeometrie benötigt. Bezeichnet man die Höhe der Schachtel mit x, so können mit Hilfe der gegebenen Abmessungen Länge und Breite wie folgt ausgedrückt werden: Länge = 30 − 2x ; Breite = 20 − 2x. Setzt man die gefundenen Beziehungen in die Gleichung für V ein, so erhält man die Zielfunktion: V = (30 − 2x)·(20 − 2x)·x = 4x³ − 100x² + 600x. Die Zielfunktion ist eine ganzrationale Funktion dritten Grades, bei der das Maximum nicht zu erraten und auch aus dem Graphen nur ungenau ablesbar ist, und daher zum Erarbeiten des notwendigen und später auch des hinreichenden Kriteriums für Extremstellen geeignet. Setzt man die Zielfunktion gleich 0, so erhält man mit Hilfe der p-q-Formel als Kandidaten für die Extremstellen: $x_1$ = 3,92 cm ; $x_2$ = 12,74 cm. Die Lösung $x_2$ ist jedoch aufgrund der vorgegeben Abmessungen nicht sinnvoll, da die Breite dann negativ wäre!

Zu Beginn der Stunde werde ich den Schülern mitteilen, dass sie in der heutigen Stunde ein wichtiges Anwendungsfeld der Differentialrechnung kennen lernen werden. Ich werde ihnen einige mitgebrachte Schachteln zeigen und sie bitten, in Partnerarbeit Kriterien zu sammeln, die beim Entwurf solcher Schachteln eine Rolle spielen könnten. Die Partnerarbeit hat gegenüber einem direkten Zugriff den Vorteil, dass auch die langsameren und unsicheren Schüler in Ruhe Überlegungen anstellen und diese absichern können. Mögliche Antworten können sein: Größe und Form des Inhalts, Design, möglichst geringer Materialverbrauch bei großem Fassungsvermögen (Umwelt- und Kostenaspekt) etc. Sollte der letzte Aspekt nicht genannt werden, so kann er durch einen Impuls (z.B.: Wie sieht es aus bei der Verpackung von Nägeln, Zucker o.ä.?) angeregt werden. Da das Problem der Volumenmaximierung einer oben offenen Schachtel auch in der Mathematik-AG für Sozialassistenten thematisiert wurde, ist es möglich, dass sich Michaela oder Meike noch daran erinnern und ihre Vorkenntnisse mit einfließen lassen.

Die Schüler sollen sich nun in die Situation eines Kartonherstellers hineinversetzen: Sie sollen aus einem rechteckigen Stück Pappe mit den Abmessungen 30 cm und 20 cm eine oben offene quaderförmige Schachtel mit einem möglichst großen Fassungsvermögen herstellen. Da die Schachteln nach dem gleichen Bauplan konstruiert werden sollen, zeige ich ihnen die Faltungen und die Einschnitte in die Pappe an einer mitgebrachten Schachtel. Um eine Wettbewerbssituation zu schaffen und dadurch die Motivation zu erhöhen werden 4er-Gruppen gebildet.[9] Jede Gruppe erhält – auf einem Arbeitsblatt fixiert – den Auftrag, als Mitarbeiterteam eines Kartonherstellers die Schachtel

---

[8] siehe [8], Seite 145

[9] Die Gruppenbildung erfolgt aus zeitlichen Gründen weitestgehend nach der Sitzposition der Schüler. Die dabei entstehenden Gruppen sind in der Regel heterogen genug, so dass einen gegenseitige Hilfestellung möglich ist.

mit dem größtmöglichen Inhalt ausfindig zu machen. Dazu werde ich jedem Gruppenmitglied einen Bogen Papier mit den oben angegebenen Abmessungen austeilen. Vor dem Basteln sollen sich die Gruppenmitglieder untereinander absprechen und eine Strategie festlegen, so dass nicht alle Schachteln später eine ähnliche Form haben und auch extremere Schachtelformen eine Berücksichtigung finden. Diese Absprache (arbeitsteiliges Vorgehen) ist ein wichtiger Faktor im Bereich der Teamarbeit. Zum anderen können sich die Mitglieder bei auftretenden Konstruktionsschwierigkeiten gegenseitig helfen. Die selbständige Konstruktion der Schachteln soll die Einsicht in das zum Aufstellen der Zielfunktion benötigte Schachtelnetz verstärken und dazu dienen, dass die Schüler eine dreidimensionale Vorstellung von den überhaupt möglichen Schachtelformen und Volumina bekommen. Es ist zu erwarten, dass einige Schüler zunächst vermuten, dass aus dem vorgegebenen Blatt nur Schachteln mit dem gleichen Volumen herstellbar sind. Dies könnte Anlass zu gruppeninternen Diskussionen bieten[10]. Einige Schüler werden sich dabei wahrscheinlich an das bereits behandelte, zweidimensionale Problem der Weideeinzäunung erinnern, bei dem auch unterschiedliche Flächeninhalte bei gleicher Materialvorgabe möglich waren. Im Anschluss an die Schachtelkonstruktion sollen die Gruppenmitglieder die Volumina der gebauten Schachteln durch Ausmessen von Länge, Breite und Höhe bestimmen und die Volumina in Abhängigkeit von der Einschnitttiefe in eine Tabelle eintragen. Außerdem sollen sie die notwendigen Faltlinien in die Skizze auf dem Arbeitsblatt einzeichnen, da das Netz Grundlage für die spätere Mathematisierung ist. Für schnellere Gruppen befindet sich im Sinne einer Differenzierung unten auf dem Arbeitsblatt noch eine kleine Zusatzaufgabe, die den späteren rechnerischen Lösungsweg vorbereitet. So sollen die Schüler die Werte der Tabelle in einem Koordinatensystem veranschaulichen.

Für die Vorstellung der Ergebnisse teile ich den Gruppen jeweils eine Folie aus, auf die sie ihre Ergebnisse übertragen können. Auf diese Weise können die Lösungen der einzelnen Gruppen schnell und übersichtlich miteinander verglichen werden.

Bei der anschließenden Präsentation soll eine Gruppe bzw. ein Vertreter der Gruppe zunächst anhand des entworfenen Netzes erläutern, wie sie bei der Konstruktion der Schachteln vorgegangen ist. Dabei sollte auch zur Sprache kommen, dass Form und Volumen der Schachtel nur von der Einschnitttiefe im Papier abhängt. Anschließend werden die Ergebnisse der Gruppen miteinander verglichen, einige ausgewählte Schachteln vorgestellt und die Schachtel mit dem größtmöglichen Volumen ausfindig gemacht. Eine vollständige Präsentation aller Gruppen wird dabei nicht erforderlich sein, da sich die Ergebnisse weitgehend decken werden.

An dieser Stelle werde ich – falls der entsprechende Anstoß nicht von den Schülern kommt – als Impuls die Frage stellen, ob das so gefundene Volumen wirklich das größtmögliche Volumen ist. Aufgrund der aufgestellten Wertetabellen ist hier eine erste Eingrenzung der optimalen Einschnitttiefe möglich. Daher werde ich die Schüler gegebenenfalls bitten, sich die Tabellen nochmals genau anzusehen und diese zu interpretieren. Außerdem werde ich nach einer graphischen Veranschaulichung fragen. Sollte eine Gruppe die Zusatzaufgabe bearbeitet haben, so kann sie den zugehörigen Graphen nun präsentieren. Da der skizzierte Graph aber nur ein näherungsweises Ablesen

---

[10] Beim Bau der Schachteln und dem anschließenden Vergleich der Volumina kommt es dann zu einer Inkongruenz mit dieser Vermutung, was ein weiterer Motivationsfaktor sein kann. Andererseits wäre beim sofortigen Einschlagen des rechnerischen Lösungsweges für viele Schüler vermutlich nicht klar, dass unterschiedliche Volumina möglich sind.

des optimalen Wertes ermöglicht, bleibt weiter offen, wo genau das Maximum liegt.[11] Die Schüler könnten nun vorschlagen, die bestmögliche Einschnitttiefe durch planmäßiges Probieren herauszufinden oder eine exaktere Zeichnung mit Hilfe weiterer Werte anzufertigen. Damit stellt sich nur die Frage, wie man weitere Werte erhält, denn ein Basteln der Schachteln für andere Einschnitttiefen würde wiederum sehr viel Zeit in Anspruch nehmen. Abhilfe könnte eine Formel (Funktionsgleichung) schaffen, die im Folgenden erarbeitet werden soll.

Dazu werde ich die Schüler nach der Formel zur Berechnung des Volumens einer quaderförmigen Schachtel fragen und diese in der Form V = Länge · Breite · Höhe notieren. Die Höhe entspricht dabei der Einschnitttiefe x. In der Funktionsgleichung kommen nun mit der unbekannten Länge und Breite aber noch zwei weitere Variablen vor, die sich jedoch mit Hilfe der bekannten Blatt-Abmessungen und der Einschnitttiefe x ausdrücken lassen. Zwei der drei Variablen müssen also eliminiert werden, indem Zusammenhänge (Nebenbedingungen) zwischen den einzelnen Variablen entdeckt werden. Diesen Arbeitsschritt sollen die Schüler jetzt in Partnerarbeit erledigen und anschließend die Volumenfunktion V mit nur einer Variablen aufstellen. Eine mögliche Hilfestellung könnte darin bestehen, das von den Schülern entwickelte Körpernetz der Schachtel ausführlich beschriften zu lassen. Am selbst gebauten Modell können sich die Schüler auch nochmals vergegenwärtigen, wie Länge und Breite zustande kommen. Die Partnerarbeit hat gegenüber dem sofortigen Unterrichtsgespräch den Vorteil, dass auch die langsameren Schüler die Möglichkeit haben, sich mit der Fragestellung auseinander zu setzen und durch gegenseitige Hilfe zu Ergebnissen zu gelangen. Nach angemessener Bedenkzeit werden die Ergebnisse an der Tafel gesammelt und die Volumenfunktion in der ausmultiplizierten Form V = 4x³ - 100x² + 600x notiert.

Mit Hilfe dieser Volumenfunktion könnte nun eine vollständige Wertetabelle erstellt und der Graph gezeichnet werden. Da das Aufstellen einer Wertetabelle und das Zeichnen des Graphen den Schülern hinreichend vertraut ist, keinen Lernzuwachs bedeutet und um das Verfahren abzukürzen, werde ich den Schülern den zugehörigen Funktionsgraphen auf Folie zeigen.[12] Nach einer Interpretation des Kurvenverlaufs durch die Schüler werde ich die Frage aufwerfen, welcher Punkt uns in Bezug auf unsere Ausgangsfrage überhaupt interessiert und was man über das Steigungsverhalten der Funktion in diesem Punkt aussagen kann. Dabei sollte zur Sprache kommen, dass die Tangentensteigung und daher auch die erste Ableitung gleich Null sind.

Damit steht nun das weitere Vorgehen fest: Die Schüler erhalten den Arbeitsauftrag, in Partnerarbeit die optimale Einschnitttiefe x rechnerisch exakt zu bestimmen, indem sie die Funktion einmal differenzieren und die Ableitung gleich 0 setzen. Dabei entsteht eine quadratische Gleichung ($12x^2$ - 200x + 600 = 0), die mit der p-q-Formel gelöst werden kann. Es ergeben sich die beiden Lösungen $x_1$ = 3,92 und $x_2$ = 12,74. Im Anschluss muss wieder eine Demathematisierung erfolgen, indem die beiden Lösungen auf das Ausgangsproblem bezogen, die Lösung $x_2$ als nicht sinnvoll erkannt wird und schließlich das größtmögliche Volumen der Schachtel angegeben wird. Den Lösungsweg über die p-q-Formel werde ich von einem schnelleren Schüler an die Tafel schreiben lassen. Außerdem werde ich die Schüler – sollte es von ihnen nicht selbst angesprochen werden –

---

[11] Da Schachteln in der Regel in einer Massenproduktion hergestellt werden, wirken sich kleinste Abweichungen von den Idealmaßen doch merklich aus.

[12] Heutzutage würde man dafür ein Tabellenkalkulationsprogramm oder einen grafikfähigen Taschenrechner wie den TI92 einsetzen. Aus einem Graphen ist zudem die genaue Lösung auch nur näherungsweise abzulesen.

nach dem Grund für das Auftreten zweier Lösungen fragen. Die Lernenden sollen nämlich erkennen, dass nicht nur in einem Hochpunkt sondern auch in einem Tiefpunkt die Steigung 0 ist. Das Nullsetzen der Ableitungsfunktion liefert also nicht zwangsläufig nur Hochpunkte. Damit ist das notwendige Kriterium für Extremstellen erarbeitet. [13]

Zur Ergebnissicherung teile ich den Schülern ein Arbeitsblatt mit dem exakten Kurvenverlauf aus. Anhand der Abbildung werden die Bezeichnungen Hochpunkt, Tiefpunkt sowie Extremstellen eingeführt. Mit ihrer Hilfe kann das notwendige Kriterium für Extremstellen formuliert werden.

In der folgenden Übungsphase sollen die Schüler den Lösungsweg zur Sicherung an einem weiteren Beispiel nochmals aktiv nachvollziehen. So erhalten sie den leicht modifizierten Arbeitsauftrag: Aus einem quadratischen Stück Pappe mit den Abmessungen 60 cm x 60 cm soll eine oben offene Schachtel hergestellt werden. Für welche Höhe x ist das Volumen der Schachtel am größten ? Wie groß ist das maximale Volumen ? Auch hier soll die Bearbeitung in Partnerarbeit erfolgen, so dass sich die Schüler gegenseitig weiterhelfen und unterstützen können. Einen schnelleren Schüler werde ich bitten, seinen Lösungsweg für eine spätere Präsentation auf Folie zu übertragen.

Sollte noch genügend Zeit zur Verfügung stehen, dann erhalten die Schüler den Arbeitsauftrag, für vorgegebene Funktionsgleichungen die Extremstellen zu bestimmen. Dabei sollen sie auch versuchen herauszufinden, ob an den gefundenen Stellen ein Hoch- oder Tiefpunkt vorliegt. Dies kann man vor allem bei den quadratischen Funktionen relativ einfach entscheiden, da der Graph einer quadratischen Funktion je nach dem Koeffizienten von $x^2$ nach oben oder unten geöffnet ist. Bei Funktionen dritten Grades ist dies jedoch nicht unmittelbar möglich, so dass ein weiteres (hinreichendes) Kriterium erforderlich wird. Die letzte Funktionsgleichung ist zudem so gewählt, dass bei der mutmaßlichen Extremstelle ein Sattelpunkt vorliegt, so dass die „Schwächen" des notwendigen Kriteriums offensichtlich werden. Nach angemessener Bearbeitungszeit werden die Lösungen miteinander verglichen und bei Problemen einzelne Aufgaben von Schülern an der Tafel präsentiert. Dabei werde ich zur Veranschaulichung die entsprechenden Funktionsgraphen auf Folie zeigen.

## 4. Ausblick

Nach der Besprechung der Übungsaufgaben zur Anwendung des notwendigen Kriteriums soll das hinreichende Kriterium erarbeitet werden, um nun endgültig entscheiden zu können, ob an der betreffenden Stelle ein Hoch-, Tief- oder Sattelpunkt vorliegt. Dazu wird erneut das Beispiel der oben offenen Schachtel betrachtet und das Steigungsverhalten des Graphen in der Nähe der Extremstellen genauer unter die Lupe genommen. An dem Funktionsgraphen kann man erkennen, dass unmittelbar vor einem Hochpunkt die Steigung positiv und unmittelbar danach negativ ist, so dass die erste Ableitung einen Vorzeichenwechsel von + nach − macht (*Vorzeichenwechselkriterium*) bzw. die zweite Ableitung, die die Steigung der ersten Abbildung wiedergibt, an der betreffenden Stelle negativ ist (*hinreichendes Kriterium mittels der 2. Ableitung*). Ein entsprechendes Kriterium kann man auch für einen Tiefpunkt herleiten. Im Anschluss werden einige Übungsaufgaben zur Extremwertbestimmung behandelt bevor als letzter Baustein der Kurvendiskussion die Kriterien für Wendepunkte erarbeitet werden.

---

[13] Dieses Kriterium wird hier bewusst der Anschauung entnommen (vgl. Rahmenlehrplan [7], Seite 7 und Seite 15).

# Literaturverzeichnis:

[1]  Bigalke, A., Köhler, N.: Mathematik 11 (Hessen). Cornelsen Verlag, Berlin 2001

[2]  Blum, W., Kirsch, A.: Anschaulichkeit und Strenge in der Analysis IV. Der Mathematikunterricht, Jahrgang 25, Heft 3, 1979, Ernst Klett Verlag, Stuttgart 1979

[3]  Buck, H. u.a.: Lambacher Schweizer Analysis. Mathematisches Unterrichtswerk für das Gymnasium Ausgabe A. Ernst Klett Verlag, Stuttgart 2000

[4]  Füssel, K., Jansen, R., Schwermann, K.: Mathematik für Fachoberschulen (8. Auflage). Verlag H. Stam GmbH, Köln-Porz 1986

[5]  Griesel, H., Postel, H.: Elemente der Mathematik 11. Einführung in die Analysis. Schroedel Verlag, Hannover 2001

[6]  Griesel, H., Postel, H.: Mathematik heute. Einführung in die Analysis I. Schroedel Schulbuchverlag, Hannover 1988

[7]  Hessischer Kultusminister (Hrsg.): Rahmenlehrplan für die beruflichen Schulen des Landes Hessen: Fachoberschule Mathematik. Verlag Moritz Diesterweg, Frankfurt 1979

[8]  Tietze, U.-P., Klika, M., Wolpers, H.: Mathematikunterricht in der Sekundarstufe II. Band 1: Fachdidaktische Grundfragen – Didaktik der Analysis. Vieweg Verlag, Braunschweig/Wiesbaden 1997

[9]  Wittmann, E.: Grundfragen des Mathematikunterrichts. Vieweg Verlag, Braunschweig 1981

# Lernziele und geplanter Stundenverlauf im Überblick

## Lernziele der Stunde

Die Schüler sollen:

Z1: ... durch den Realitäts- und Anwendungsbezug motiviert werden.

Z2: ... ihre Kommunikations- und Argumentationsfähigkeit verbessern.

Z3: ... mögliche Kriterien angeben können, die bei der Herstellung von Schachteln eine Rolle spielen.

Z4: ... aus dem ausgeteilten Blatt Papier eine Schachtel herstellen, das Volumen der Schachtel berechnen und das Netz der Schachtel zeichnen können.

Z5: ... sich innerhalb ihres Teams untereinander absprechen, eine gemeinsame Strategie festlegen und sich bei auftretenden Schwierigkeiten gegenseitig weiterhelfen (Förderung der Kooperationsfähigkeit).

Z6: ... herausfinden, dass das Fassungsvermögen einer Schachtel bei fester Materialvorgabe durchaus variieren kann und die Einschnitttiefe x als wesentlichen Einflussfaktor für Form und Größe des Volumens ausmachen.

Z7: ... die Abhängigkeit von Einschnitttiefe x und Volumen $V(x)$ graphisch skizzieren können.

Z8: ... die Formel zur Berechnung des Volumens einer quaderförmigen Schachtel angeben können.

Z9: ... Länge und Breite über die Einschnitttiefe x und die Papierabmessungen ausdrücken können und so die Zielfunktion aufstellen können.

Z10: ... den Kurvenverlauf der Zielfunktion interpretieren können und dabei erkennen, dass in einem Hochpunkt die Steigung und damit auch die erste Ableitung gleich 0 ist (*notwendiges Kriterium*).

Z11: ... die optimale Einschnitttiefe x rechnerisch mit Hilfe der p-q-Formel berechnen können.

Z12: ... das mathematische Ergebnis in Bezug auf die Problemstellung interpretieren können, dabei eine der beiden Lösungen als nicht sinnvoll erkennen (auch bei einem Tiefpunkt ist die Steigung 0) und das Volumen der größtmöglichen Schachtel angeben können.

Z13: ... die Mathematik als wichtiges Hilfsmittel zur Lösung praxisrelevanter Optimierungsprobleme erfahren.

Z14: ... die Begriffe Hochpunkt, Tiefpunkt und Extremstellen sowie das notwendige Kriterium für Extremstellen kennen lernen.

*eventuell erst in der Folgestunde:*

Z15: ... den Lösungsweg auf eine ähnliche Fragestellung übertragen können.

Z16: ... Extremstellen bei den abschließenden Übungsaufgaben bestimmen können und dabei erkennen, dass bei der Tangentensteigung 0 nicht zwangsläufig ein Extrempunkt vorliegen muss ($\rightarrow$ Unzulänglichkeit des notwendigen Kriteriums).

# Geplanter Stundenverlauf:

| Phasen | Inhalt | Sozialform | Medien | Lernziele |
|---|---|---|---|---|
| Einstieg/ Motivation | L zeigt eine mitgebrachte Schachtel und Schüler überlegen sich mögliche Kriterien für den Schachtelbau. | Partnerarbeit | Schach-tel | Z1 |
| | Die Kriterien werden gesammelt und der Fokus wird auf das Problem der Volumenmaximierung gelenkt: Aus einem Blatt Papier mit den Abmessungen 30cm und 20cm soll eine oben offene quaderförmige Schachtel mit möglichst großem Fassungsvermögen hergestellt werden. | L-S-Gespräch | Tafel | Z2, Z3 |
| Problemstellung | L zeigt Faltungen und Einschnitte für den Bau am Modell. | | | |
| 1. Erarbeitungs-phase | Die Schüler legen innerhalb ihrer Gruppe eine Strategie fest und basteln Schachteln aus einem Bogen Papier. Anschlie-ßend bestimmen sie die Volumina der hergestellten Schach-teln, tragen diese auf dem ausgeteilten Arbeitsblatt zusam-men und zeichnen das Netz der Schachtel. | Gruppenarbeit | Arbeits-blatt Papier | Z2, Z4, Z5, Z6, Z7 |
| | Die Arbeitsergebnisse werden auf Folien übertragen, vorge-stellt und diskutiert. | Schüler-Vortrag | Tafel/ Folie | |
| 2. Erarbeitungs-phase | Im Folgenden wird die Mathematisierung und exakte Lö-sung des Problems angestrebt: Nach der Diskussion der weiteren Vorgehensweise im Plenum wird die Volumen-funktion in Abhängigkeit von der Einschnitttiefe x mit Hilfe des Netzes erarbeitet. | L-S-Gespräch  Partnerarbeit | Tafel Folie Hefte | Z2, Z7, Z8, Z9, Z10 |
| | L zeigt den Schülern den zugehörigen Funktionsgraphen und fragt nach dem interessierenden (Hoch-)Punkt und der Steigung des Graphen in diesem Punkt. | L-S-Gespräch | | |
| Ergebnis-sicherung | Als vorläufiges Ergebnis wird festgehalten, dass in einem Hochpunkt die Steigung gleich 0 ist. | | | |
| 3. Erarbeitungs-phase | Die Schüler lösen die Extremwertaufgabe mathematisch exakt mit den Mitteln der Differentialrechnung, indem sie die Ableitung der Volumenfunktion gleich 0 setzen. | Partnerarbeit | Hefte | Z2, Z11, Z12, Z13 |
| | Ein Schüler stellt den Lösungsweg vor, die anderen verglei-chen. Die sich ergebenden Lösungen werden interpretiert (auch in einem Tiefpunkt ist die Steigung 0!). | Schüler-Vortrag | | |
| Sicherung | Die Bezeichnungen Hoch- und Tiefpunkt sowie Extremstel-len werden mit Hilfe des Graphen eingeführt. Die im Laufe der Lösung gewonnenen Erkenntnisse werden nochmals zu-sammengefasst, was zum notwendigen Kriterium führt: Im Hoch- und Tiefpunkt eines Graphen ist die Steigung 0! | L-Vortrag L-S-Gespräch | Arbeits-blatt Folie | Z14 |
| Übungs- und Festigungs-phase | Die Schüler übertragen den Lösungsweg auf eine leicht mo-difizierte Aufgabe: Aus einem quadratischen Stück Pappe mit den Abmessungen 60cm x 60cm soll eine oben offene Schachtel mit maximalem Volumen hergestellt werden. Der Lösungsweg wird von einem Schüler auf Folie präsentiert. | Partnerarbeit  Schülervortrag | Tafel Hefte  Folie | Z1, Z2, Z13, Z15 |
| Übungsphase/ Hausaufgabe | L schreibt Übungsaufgaben zur Bestimmung möglicher Ex-tremstellen an, Schüler bearbeiten diese. | Partnerarbeit/ Einzelarbeit | Tafel Hefte | Z16 |

Stellt euch vor, ihr seid Mitarbeiter eines Kartonherstellers und werdet damit beauftragt, aus einem Bogen Pappe mit den Abmessungen 30 cm und 20 cm eine oben offene Schachtel herzustellen, die ein möglichst großes Fassungsvermögen besitzt.

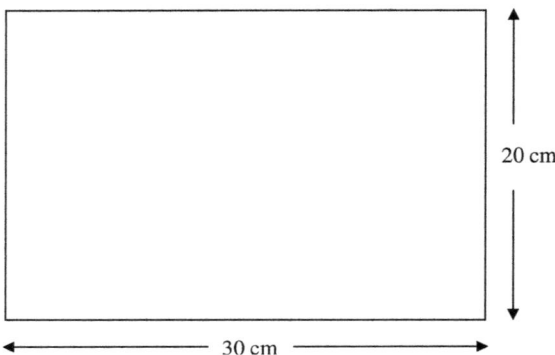

**Arbeitsauftrag:**

❶ Jedes Gruppenmitglied sollte aus dem ihm zur Verfügung stehenden Bogen eine oben offene quaderförmige Schachtel herstellen. Sprecht euch vor der Konstruktion untereinander ab, um möglichst verschiedene Schachteln zu bauen.

❷ Vergleicht anschließend die hergestellten Schachteln miteinander. Berechnet jeweils das Volumen und tragt die Ergebnisse in einer Tabelle zusammen.

❸ Vervollständigt auch die obige Skizze, indem ihr die notwendigen Faltlinien einzeichnet.

| Einschnitttiefe | Volumen |
|---|---|
|  |  |
|  |  |
|  |  |
|  |  |
|  |  |
|  |  |
|  |  |

**Zusatz:** Veranschaulicht eure Ergebnisse in einem Koordinatensystem der folgenden Form:

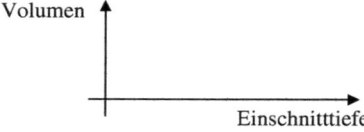

# Das notwendige Kriterium für Extremstellen

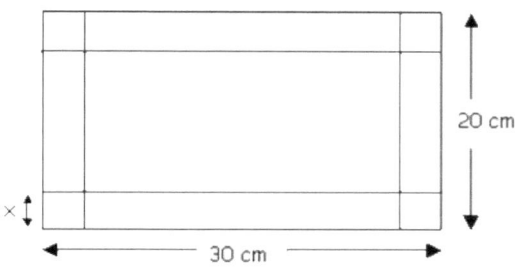

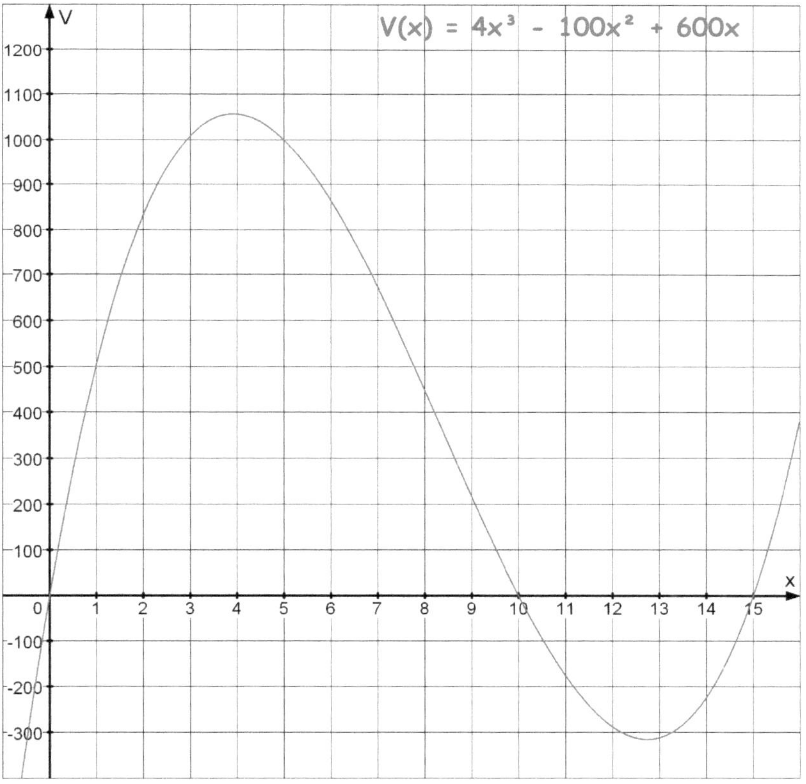

# Herstellung einer oben offenen Schachtel
## aus einem Stück Pappe mit den Abmessungen 60cm x 60cm

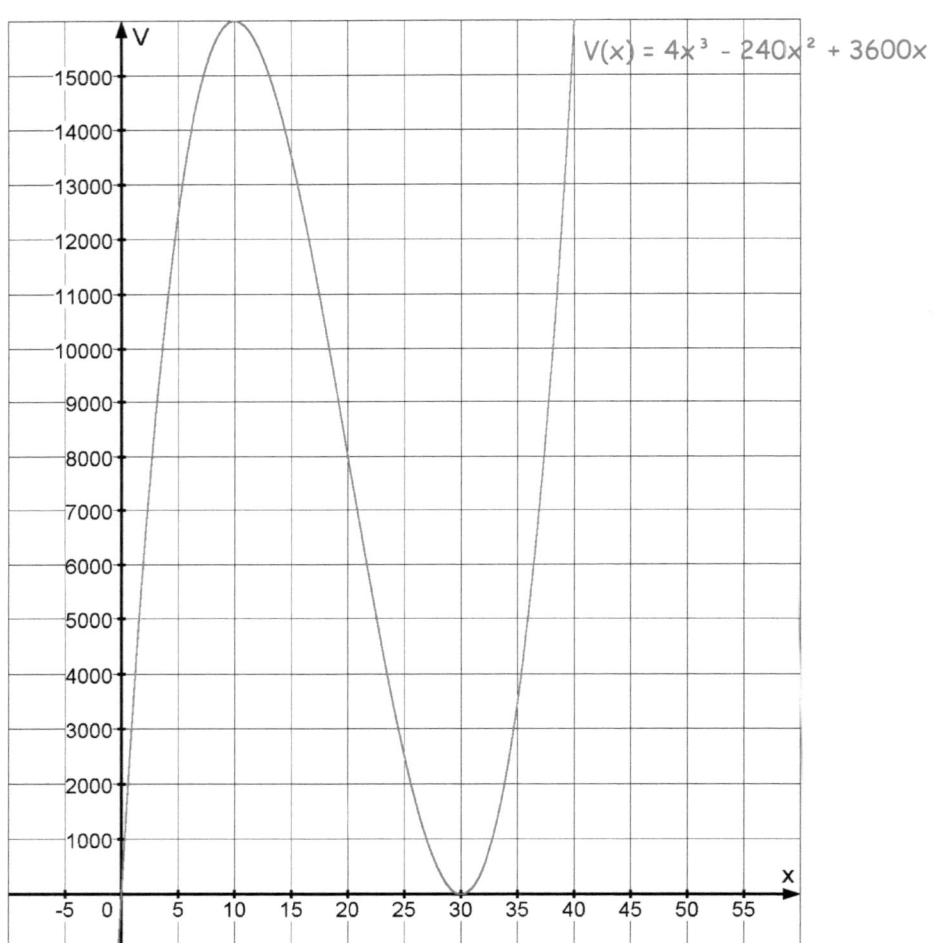

$V(x) = 4x^3 - 240x^2 + 3600x$

Bestimme für die folgenden Funktionen die Extremstellen. Versuche auch zu entscheiden, ob an diesen Stellen ein Hochpunkt oder ein Tiefpunkt vorliegt.

a) $f(x) = x^2 - 5x$

b) $f(x) = -2x^2 + 4$

c) $f(x) = x^2 - 8x + 16$

d) $f(x) = x^3 - 9x$

e) $f(x) = x^3 - 3x^2 + 2$

f) $f(x) = -x^3 + 3x^2 + 9x - 7$

g) $f(x) = x^3 - 6x^2 + 12x - 5$

---

## Übungsaufgaben

Bestimme für die folgenden Funktionen die Extremstellen. Versuche auch zu entscheiden, ob an diesen Stellen ein Hochpunkt oder ein Tiefpunkt vorliegt.

a) $f(x) = x^2 - 5x$

b) $f(x) = -2x^2 + 4$

c) $f(x) = x^2 - 8x + 16$

d) $f(x) = x^3 - 9x$

e) $f(x) = x^3 - 3x^2 + 2$

f) $f(x) = -x^3 + 3x^2 + 9x - 7$

g) $f(x) = x^3 - 6x^2 + 12x - 5$

### f(x) = x² - 5x

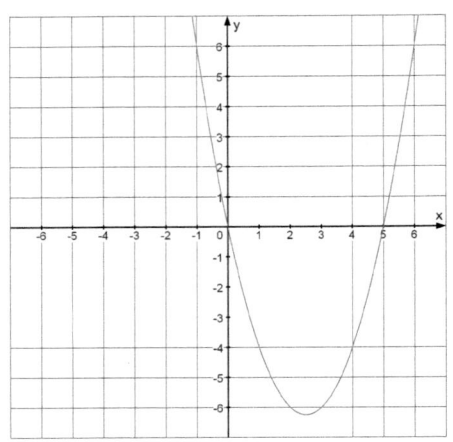

### f(x) = -2x² + 4

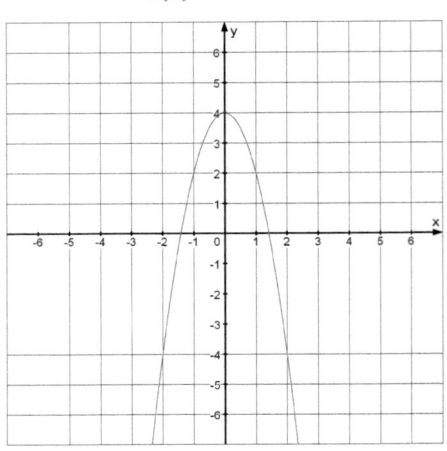

### f(x) = x² - 8x + 16

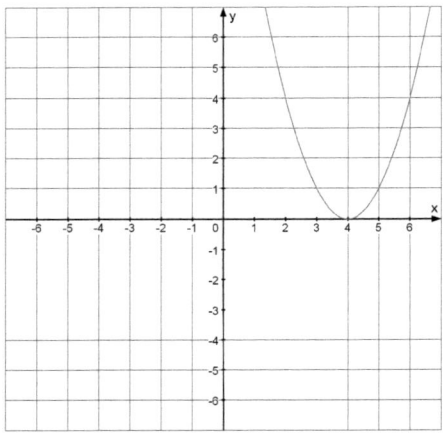

$$f(x) = 3x^3 - 9x$$

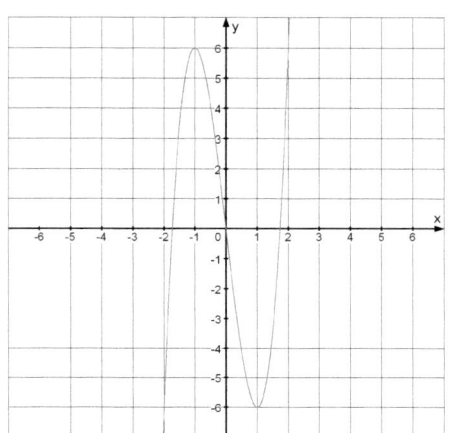

$$f(x) = x^3 - 3x^2 + 2$$

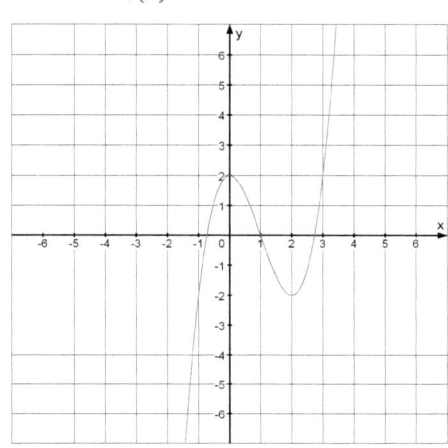

$$f(x) = -x^3 + 3x^2 + 9x - 7$$

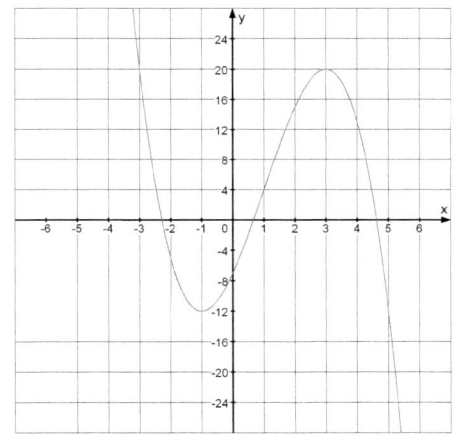

$$f(x) = x^3 - 6x^2 + 12x - 5$$

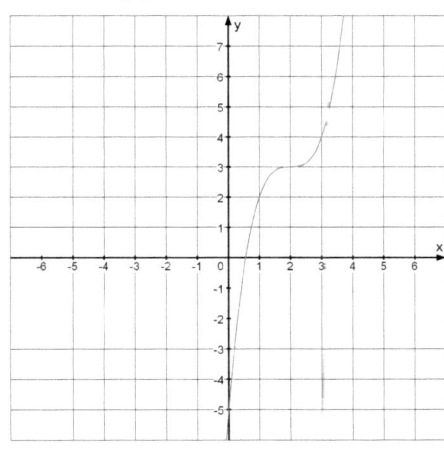